小牛顿

小小牛顿 科学启蒙
—大百科—

猫耳朵面食

牛顿出版股份有限公司 / 编著

U0177462

超酷的
科学实验

外语教学与研究出版社
北京

猫耳朵面食

"猫耳朵"是一种面食，因为形状像猫的耳朵，才有这样的称呼。"猫耳朵"吃起来像面疙瘩，但是比面疙瘩更有嚼劲。

给父母的悄悄话：

　　面食虽然看着很单调，但搭配各种蔬菜、肉类，可以组合出很多种不同的美味佳肴。建议家长们陪同孩子一起制作可口的面食，这不但可以让他们参与到日常的家务劳动中，还可以让他们学习很多有趣的科学知识。面食有嚼劲的口感主要来自面筋，通过"洗面"得到的面筋，也可以衍生出更多不一样的美味。找机会和孩子一起动手试试吧！

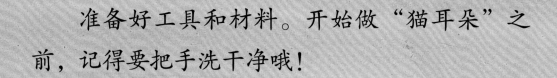

准备好工具和材料。开始做"猫耳朵"之前，记得要把手洗干净哦！

需要准备的工具与材料：

面粉

量水杯

量杯

砧板

刀子

擀面杖

大容器

先把水加到面粉里。用手揉呀揉，
揉成白白软软的面团。

记得3杯面粉加1杯水哦！

当所有面粉都揉成一团、没有散落的干粉时，面就揉好啦!

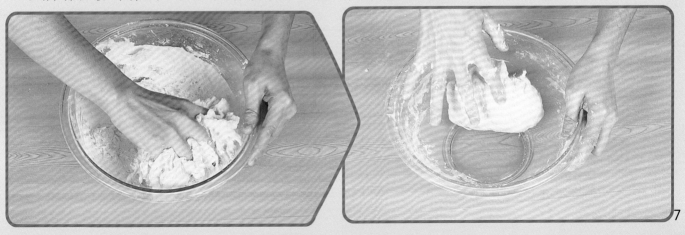

面团揉好了，可以开始做了吗？

还要等10分钟哦！

刚揉好的面团，要经过"醒面"的过程，才能开始做"猫耳朵"。

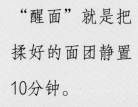

"醒面"就是把揉好的面团静置10分钟。

刚揉好的面团，里面的面筋都紧缩在一起，所以面团擀不开。

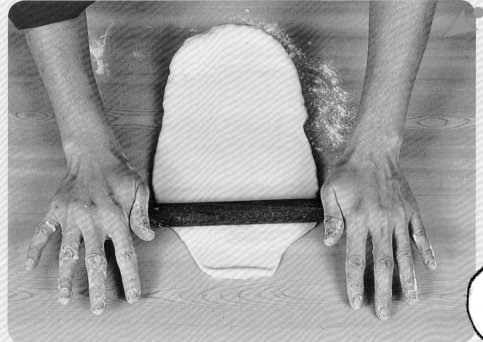

放10分钟以后，面筋就松弛了，面团也就很容易擀开。

捻"猫耳朵"

把醒过的面团擀平，再切成小方块，就可以开始做猫耳朵了。

用大拇指捻一下
就可以了。

真好玩。

怎么做呢？

好棒，做了这么多。

真的像猫的耳朵！

"猫耳朵"做好，就可以准备下锅煮了。等水开以后，将"猫耳朵"倒进去，边煮边用漏勺搅一搅，等再次开锅，就可以捞出来了。

锅很烫，你们不要靠近哦。

给煮好的"猫耳朵"拌一点油，才不会粘在一起。

13

"猫耳朵"有好多种吃法，不论是炒的还是烩的，味道是咸的还是甜的，每一种都很好吃。

好吃！

自己做的，特别好吃！

我要吃光光！

面粉里的秘密——面筋

面粉加水可以揉成面团，但是，其他的粉，例如淀粉、藕粉却不能揉成团，为什么会这样呢？

淀粉怎么揉不成团呢？

 面筋是面粉特有的哦！

16

面粉可以揉成团，主要是因为面粉里有面筋。我们来做个实验就知道了。把揉好的面团放在盆中搓洗，洗不掉的部分，就是面筋。

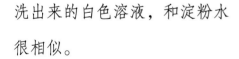

洗出来的白色溶液，和淀粉水很相似。

剩下洗不掉的部分，像口香糖一样黏黏的，就是面筋。

面筋有很好的弹性和伸展性，所以含有面筋的面粉可塑性很强，能做成各种中西面点。

面筋有伸展性，很容易拉开。

面筋有弹性，经过烤箱烘烤后，会像吹口香糖那样鼓起来。

面粉是怎么来的

细细白白的面粉，是由一粒粒的麦子磨成的；一粒粒的麦子，是由农民伯伯辛辛苦苦种出来的。

麦粒虽然很小，但是营养丰富。多吃面食，可以帮助小朋友长高长壮，头脑更聪明。

整颗麦粒磨成粉，就是全麦面粉。

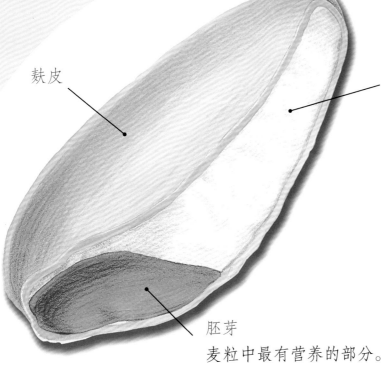

麸皮

胚乳
平常看到的面粉，就是这部分磨成的。

胚芽
麦粒中最有营养的部分。

面粉

麦粒

全麦面粉

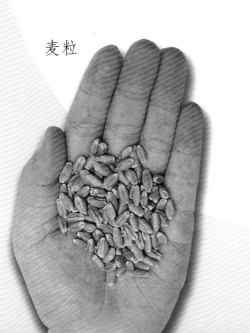

胡萝卜

胡萝卜又叫红萝卜，我们平常吃的是它的根部。

胡萝卜的根又肥又大，
像红薯一样。

小问，加油！

新鲜的胡萝卜切开之后，颜色很鲜艳，水分相对来说也比较充足。如果中间白色的部分比较多，或者颜色很淡，那就说明胡萝卜放的时间有些久了，吃起来口感可能有些干，要尽快食用哦！

23

胡萝卜和白萝卜的样子很像，可是并不是同一类植物。

胡萝卜的种子扁扁的。

胡萝卜的花
像小雨伞。

胡萝卜的叶子细细小小的，
很像羽毛。

仔细看，它们的种子、花和叶子都长得不一样。

白萝卜的种子像小石头。

白萝卜的花呈十字形。

白萝卜的叶子较大，
边缘有锯齿或缺刻。

给父母的悄悄话：

　　胡萝卜原产于亚洲西部，本来是红色的，由于种植地方土质和气候的差异，才逐渐出现了其他颜色。很多孩子都不喜欢胡萝卜特殊的气味，家长可以用别的蔬菜来搭配制作，或者用调味的方法来解决。胡萝卜用油炒过后，它里面的脂溶性维生素更容易被人体吸收。

25

小狗一直对我叫

在回家的路上，婷婷遇到一只很凶的小狗，一直对着她叫个不停，她该怎么办呢？

26

赶快跑开。

把小狗赶走。

离远一点，慢慢走过去。

给父母的悄悄话：

通过情景故事引导，提供机会让孩子想想，遇到这些问题时该如何处理。孩子的生活经验不多，能想到的解决方式有限，亲子之间针对具体场景展开讨论，可以让孩子在未来面对问题的时候，更顺利地应对。本次的主题"小狗一直对我叫"是非常生活化的话题。家长可以告诉孩子，当狗竖起尾巴对着你狂叫时，表示你已侵入它的地盘。遇到这种情况千万不要慌乱，不要与狗有任何互动，假装看不见，继续镇定地前行；不要停下脚步，也不要跑开，以免引起狗的进一步攻击。

水的溶解力

分别将面粉、奶粉、盐和糖放入杯子里，搅拌溶解后，是否还能看出杯子里放的是什么呢？尝尝看，就知道了！

这是我常喝的嘛！

甜甜的。

哇——
好咸哦！

给父母的悄悄话：

有些物质可以被水溶解，有些物质则不能。可以被水溶解的物质，是因为本身的组成分子可以跟水结合，才能被水溶解。油比水轻，因此总是浮在水面上，而且两者的组成分子完全不同，所以油不会溶解在水里。

没什么味道！

仔细观察，将下列5样东西放到水里，会发生什么变化？

巧克力和肥皂都开始溶化了！

将5样东西放入水中搅拌，哪些东西开始溶解？

黏土好像没变化。

过了15分钟后……

巧克力

黏土

泥土　　　　　　　　　色拉油　　　　　　　　　肥皂

谁的比较重

马、牛、大象都认为自己搬的东西最重,到底谁搬的东西比较重呢?

石头应该是
最重的啊！

这么大两捆稻草，
稻草重！

木头才是最重的！

别吵！我们来称称看，
就知道啦！

用什么称呢？

33

跷跷板下落的那一边，东西就比较重！

没想到，石头看起来很小，却比稻草重。

啊，石头竟然比木头重！

给父母的悄悄话：

    关于轻重，孩子很容易以物体的外形大小来判定，以为体积大的就会比较重，体积小的就比较轻，容易发生错误。本活动以"跷跷板"（原理类似天平）来称东西是判断物体轻重的方法之一，另外也可以自制简单的天平，或是分别把小东西放在孩子的手上，让他用双手去感受与比较物体的轻重。再者，在两两比较之后，也希望孩子能体会出因为 A ＞ B，又 A ＞ C，B ＞ C，从而得知 A ＞ B ＞ C 的结果（在本书活动中 A 代表石头，B 是木头，C 为稻草）。

现在，你们知道这三样东西，哪样最重，哪样最轻了吗？

怎么会这样呢？

山羊面食馆

山羊开了一家面食馆，它每天天不亮就起床，赶着做包子、馒头。蒸包子、馒头的时候，香味传遍整个森林，吸引来不少客人。

小猪经过山羊面食馆时，肚子咕咕咕地叫了起来。

可是它身上没有钱，它在店门口徘徊了好几趟，山羊看到了，问它："小猪，你是不是肚子饿呀？"

"是饿了，可……我没钱。"

37

山羊从蒸笼里拿出包子、馒头递给小猪，笑着说："快拿去吃吧！"

　　小猪可开心了！虽然它肚子饿，却只把包子、馒头拿在手里，并没有吃。

　　"你不是肚子饿吗？赶快吃吧！"

　　"我吃掉就没有了，爸爸妈妈还有哥哥妹妹就吃不到了。我想把包子和馒头拿回去种在大树下，如果树上能长出包子和馒头来，以后我们就有吃不完的面食了。"

　　山羊听了小猪的话，好久好久都说不出话来。

第二天一大早，小猪起床跑到大树下去看，没想到大树上真的结出了包子和馒头。小猪高兴地跑去找山羊："山羊伯伯，大树真的长出包子、馒头了！"

"真的呀！"山羊和小猪一起到大树下看，果真看到了结满包子、馒头的大树。

自从大树上长出包子和馒头后，小猪一家人天天都有包子、馒头可以吃。

　　这一天，天还没亮，小猪就醒了，它推开门想去看看今天树上又长出了几个包子、馒头，没想到却发现山羊正在往树上挂包子、馒头。小猪惊讶地大喊："山羊伯伯，原来是您！"

　　山羊只顾着专心挂包子、馒头，被小猪这么一喊，吓了一大跳，慌乱中从树上摔了下来："哎哟，好疼！"

　　"山羊伯伯，对不起，原来，树上的包子、馒头是您送来的，真是太谢谢您了。"

山羊摔伤以后，暂时没有办法继续做包子、馒头了。小猪一家人为了感谢山羊，就到面食馆帮山羊做包子、馒头。

有了大家的帮忙，山羊面食馆的生意还是和以前一样好。

面食真好吃

包子馒头牛肉面，
水饺比萨甜甜圈，
面食营养又新鲜，
蒸煮烤炸任你选。

酢浆草

酢（cù）浆草，是春、夏时在庭园、路边、郊区经常可以看到的野花。它外表小巧、可爱，人们可以拿它的叶柄玩斗草游戏。

酢浆草一般由三片小叶子组成，四片小叶子的酢浆草非常少见，所以也被人称为"幸运草"。常见的酢浆草有红花酢浆草和白花酢浆草。

44